小博物学家的
神秘动物图鉴

[俄] 叶卡捷琳娜·斯捷潘年科 / 著

[俄] 波利亚·普拉温斯卡娅 / 绘

马天空 / 译

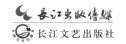

长江出版传媒

长江文艺出版社

我走上前，刹那间，恐惧像野兽一样攫住了我：在我的面前，一个鬣狗的脑袋长在了少女的肩上。

——尼古拉·斯捷潘诺维奇·古米廖夫（俄罗斯诗人）

如果一个人既不害怕黑暗和床底怪物，也不害怕密林和湖底淤泥，那么这个人可能从未有过童年。

童年的世界充满惊奇与恐惧。古代社会被视作"人类的童年"，也同样如此。与古人相伴的是神灵与恶魔，是神话中的神秘动物和可怕怪物。

人类渐渐变得"成熟"起来。他们不断地探索世界，许多新的问题与恐惧随之而来，幻想中的神秘动物也越来越多。如今，人们的身边总是流传着一些神秘动物的故事，如美人鱼、巨怪、狼人、龙、半兽人等，它们让人沉浸在幻想之中。每个时代都会诞生新的怪物：古希腊和古罗马人认定这个世界上存在许多神秘的物种；地理大发现时期的航海家将独角兽的角和人鱼的标本送到了旧大陆；到了19世纪，吸血鬼和狼人的故事接连涌现。或许，今天的我们已经不再相信九头蛇、菲尼克斯的故事，但变异人、僵尸、外星人等虚构形象仍然层出不穷。人们还曾用数十年的时间搜寻尼斯湖水怪和雪人。

神话传说中的神秘动物非常多，需要用一本很厚的书才能介绍全面。因此，在本书中，我们挑选了21种让人印象深刻的神秘动物，带小读者们用古代学者以及博物学家的视角来观察它们，比如，它们长什么样？生长在哪儿？以何为食？我们还将了解这些古代传说中所蕴藏的真实故事、人们的深层恐惧，以及各种科学发现。

神秘动物地图

15 支架怪

尼斯湖水怪 10

4 巴吉里斯克

7 卓柏卡布拉

14 双头蛇

19 沙米尔虫

注：本书地图系原文插附地图

1. 植物羊

从地里长出的"小羊羔"

17世纪，欧洲人从遥远的国度带回了各式各样的稀有商品：丝绸、瓷器、茶叶……看着这些陌生的东西，他们萌生了许多稀奇古怪的想法：也许丝绸是用某种特殊的绵羊毛做的？瓷器是某种罕见的石头？绿茶和红茶肯定是两种不同的植物，但究竟是什么植物呢？是乔木、灌木还是草呢？当时，有些游历世界的欧洲人早已知晓了丝绸与瓷器背后的秘密，不过，他们仍然相信世界上还有很多他们不知道的奇闻异事。

古希腊人将黑海与里海之间的北部地区称为"遥远的地球边界""狂野的荒原"。他们认为：那里的寒冬会持续数月，严酷的环境会让人进入漫长的冬眠，有些人甚至会化身为狼。古希腊人很擅长讲故事，这样看来，普罗米修斯为人类盗取火种而触怒宙斯的故事也不足为奇了。不过，在后来的旅行者眼中，这些地方似乎仍然存在着神秘生物。16—17世纪，奥地利外交官范·赫伯施泰恩、荷兰旅行家扬·斯特雷斯，以及德国学者亚当·奥利留乌斯都认为，这片地区生长着一种外观酷似羊羔的神奇"植物"。

以何为食？

大多数记录这种"植物"的作者都认同：植物羊以自己周边的草为食，能吃到多远算多远。将周围的草吃光后，植物羊便会枯萎死亡。在中国古书上，植物羊的捕食范围更广阔：当身上那根连接着土地的脐带断开后，植物羊便会踏上寻找水源与草地的旅途。

长什么样?

植物羊的"果实"长得像羊羔一样。赫伯施泰恩几乎不能称其为"植物",因为植物羊"会'流血',它没有肌肉,但长着某种像虾肉的东西。植物羊的蹄子不像羊羔那样是角质的,它的脑袋上附着着类似毛发的东西,形状就像犄角"。而且植物羊的毛和绵羊毛几乎一模一样,如同丝绸般洁白而柔软。同时,所有记录过植物羊的作者都曾提道:植物羊的茎正好长在它的肚脐处。

生长在哪儿?

不只是 17 世纪的欧洲旅行家们记录了这些从地里长出来的"小羊羔"的故事。其实在中国唐朝的史书上就有关于植物羊的记载,早于旅行家们发现植物羊的时间。而且史书记载的植物羊的发现地不是在黑海边的荒漠,而是在拂菻国(中国隋唐时指拜占庭帝国及其所属西亚地中海沿岸一带)。

最新科学发现

因为记录植物羊的作者都很权威,所以几乎没有人怀疑过这种生物是否真的存在。直到 18 世纪末,人们还在寻找这种生物。连伟大的科学家、现代生物分类学的奠基人卡尔·林奈都无法忽视这种奇异的植物,他曾亲自将植物羊归到了蕨类之中。如今,很多研究者认为,这种奇怪的描述其实说的是棉花。毕竟在当时的欧洲,棉花还是鲜为人知的植物。

2. 独角兽

轻信他人的受害者

　　自古以来，人类就向往着如神一般长生不老。人们四处寻觅传说中的仙果；尝试调制使人青春永驻的灵药，在大自然中探寻那个能够让人永远美丽、健康、长寿的东西。这些都是当年圣贤、帝王、炼金术师以及旅行者们的梦想之物。他们尝试了各种各样的东西：金子、琥珀、珍珠、檀香木、水银，甚至是独角兽的犄角。

　　古人相信，独角兽的犄角可以有效地抵御各种毒素。如果有人中毒身亡，独角兽的犄角甚至能令其起死回生；如果想预防中毒，只需要用这个"治疗之角"轻轻碰一下食物和水；如果中毒了，就将犄角磨成粉喝下去。除此之外，独角兽的犄角还有助于治疗其他的一些疾病，如发烧、癫痫，甚至是中邪。它还有延年益寿、增强体质的功效。这种神药难以获取：独角兽是一种凶猛的野生动物，如果你既不是一个老到的猎人，也没有随身携带武器，那么你根本无法制伏它。只有年轻、美丽又纯洁的姑娘才能安抚独角兽。和她在一起时，独角兽会变得十分温顺，它会静静地躺在地上睡觉，很容易捕捉。

 你能找出图中哪些是独角兽吗？

长什么样？

独角兽看起来就像一匹优雅的骏马，只不过前额上有一只长长的犄角，它总是温顺地依偎在美丽的少女身旁——这便是中世纪图画中独角兽的形象。不过，独角兽并不总是这副模样的。公元前4世纪末，古希腊作家克泰夏斯从东方归来，为大家描绘了波斯和印度的奇观异景，其中就有这样一只珍奇的野兽：它像是一匹野驴，但体形比马还要大，它有着白色的身体、深红色的头、蓝色的眼睛，前额上还长着一只长长的犄角。1世纪，古罗马作家老普林尼则将独角兽描绘成了一个完全谈不上优雅的物种：它有着鹿的头、大象的腿、猪的尾巴，身体的其他部分与马一样。一个两肘长的黑色犄角从前额中间伸出来。13世纪，伟大的旅行家马可·波罗的描述则更加夸张：这是一只畸形的野兽，长得和我们想象中的独角兽完全不同，它不仅长着大象脚、野猪头，最要命的是它还喜欢在泥地里打滚！

以何为食？

成年的欧洲独角兽以花朵和露水为食。而阿拉伯传说中的独角兽——中东独角兽，则是世界上最大、最凶猛的动物，它可以像穿烤肉串一样用角顶起几头大象。不过，当它想吃那些大象的时候可就难了：大象们被紧紧地串在一起，甩都甩不下来。以至于它只能顶着大象的尸体慢慢地走，越走越累，脚步越来越沉，直到最后，它自己也成了大鹏 * 的食物。

―――――――――
* 编者注：此处的大鹏指的是阿拉伯神话中的大鹏，以象为食。详情见第9章。

生长在哪儿？

世界各地的人都曾相信独角兽的存在，所以在世界各地的神话传说中都曾出现过独角兽——不只是在印度，在波斯、中国，以及非洲、欧洲的传说中，也有独角兽的身影。

最新科学发现

克泰夏斯、老普林尼，以及马可·波罗写下的那些关于独角兽的故事描述的很有可能是印度犀牛。

因为传言独角兽的角有着疗伤功效，结果导致独角鲸的长牙经常被用来冒充兽角，从极地向外大量出口。其实这是狡猾的中世纪商人制造的骗局，独角兽的神奇功效也完完全全是被杜撰出来的。

在 20 世纪初的西伯利亚，人们在地球最古老、最深厚的地层中发现了这样一种动物，准确地说，是一种动物化石。由此发现了生活在数百万年前的板齿犀的角的确长在前额中间。它和同样古老的巨型犀牛——长颈副巨犀是近亲。

3. 克拉肯

深海巨兽

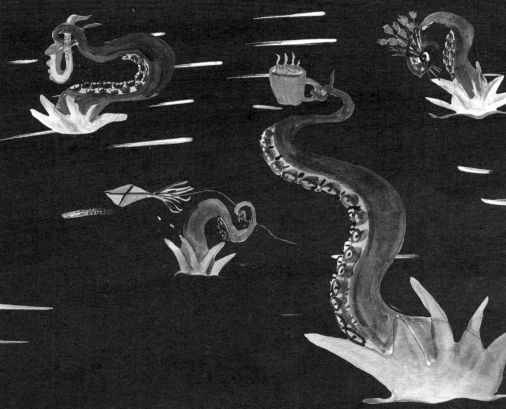

　　有什么事能比航海更加危险呢？常伴狂风暴雨且性情多变的大海将世界各地连接在了一起，从古至今，大海都为人类提供了最为便捷的交流之路，与此同时，它也孕育了数不胜数的恐惧。庞大的舰艇与单薄的小舟都曾被暴雨狂澜撕成碎片，消失于漩涡深处。在水手们的想象中，大海深处生活着一只巨大的多足妖兽：一只巨大的章鱼，或是一只狂暴的乌贼。

　　"在深邃天穹的万钧雷霆之下，在海底沟壑最深的地方，这海中怪兽千古无梦地睡着，睡得不受侵扰。"* 19世纪的英国诗人阿尔弗雷德·丁尼生这样写道。他所言非虚：大多数的时候，克拉肯（可能是只乌贼，也可能是只章鱼）的确是睡在海底的。不过，一旦惊扰了克拉肯，它将从睡梦中苏醒，并在几秒内释放出能将最强大的舰艇掀翻并使其沉入海底的力量。

----
*译注：阿尔弗雷德·丁尼生：《丁尼生诗选》，黄杲炘译，上海译文出版社，1995年。

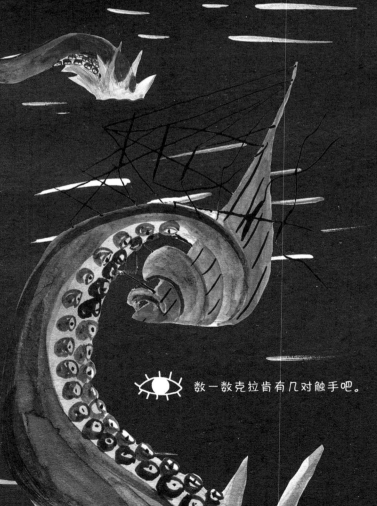

　　数一数克拉肯有几对触手吧。

长什么样？

　　据说，克拉肯很少攻击船只，有些船只之所以会沉没是因为卷入了克拉肯沉入深海时所产生的漩涡之中。克拉肯是个庞然大物，航海者们常常会将其当成一座小岛，导致自己偏离航线——毕竟，一个忽隐忽现的岛总会让人摸不着头脑。有些人自作聪明，不仅登上这座"岛"，还在"岛"上生火，突然间，大地震动，海水汹涌，千百只巨大的触手伸出海面。克拉肯张着一张血盆大口和餐碟那样大的漆黑双目、面目狰狞，它的外形就像是被拔出来的树根。

生长在哪儿？

斯堪的纳维亚半岛的创作者们是克拉肯的头号粉丝，比如，17世纪的瑞典制图师乌劳斯·马格努斯、18世纪的丹麦自然科学家艾里克·彭托皮丹，以及19世纪的丹麦动物学家乔珀托斯·史汀史翠普。这也不奇怪，因为传说中克拉肯就栖居于北海（挪威与冰岛之间的海域）。

以何为食？

克拉肯会发出一股刺鼻的气味，吸引来一群群海鱼，再用灵活的触手抓住它们。克拉肯并不吃人，至少它不会刻意捕捉人类。

最新科学发现

现在，已经很少有人会害怕克拉肯的故事了，大家越来越清楚它只存在于神话传说中。以章鱼的身体构造来举例：如果一只章鱼有数只长达18米、重达近1吨的触手，那么它便能轻而易举地触及6层高楼的楼顶。况且，克拉肯的体形有一座岛那么大，还拥有数千只触手……尽管如此，但任何一个科学家都会这样向你解释：要形成像克拉肯创造的那种巨大的深海漩涡，需要一整群这样大的章鱼聚在一起才能够办到。

不过，谁又能保证，在阳光无法映照到的大海深处，不会有东西隐蔽地栖息在那里呢？

4. 巴吉里斯克

蛇中之王

　　历史上记录了不少令人难以置信的可怕事件，有时这些事只能用恶魔作祟才能解释得通：天空下起了鱼和青蛙雨、晴天惊雷、颠倒的彩虹、公鸡下蛋等。而现在我们知道：青蛙雨是龙卷风捣的乱；有些发生基因突变的公鸡也会下蛋；闪电也能击中距离雨区 10 千米开外的地方，即使那里晴空万里。但古人十分害怕这种怪事，常常将它们视作不祥之兆。

　　就拿公鸡下蛋的例子来说吧。1474 年，一只下蛋的公鸡接受了公开审判，人们指控其与恶魔勾结，生下了巴吉里斯克，这只公鸡被施以火刑。当时，所有人都认为，一只 7 岁大的公鸡下了蛋，再由蟾蜍孵化，由此诞生了巴吉里斯克。那颗蛋看起来异常恐怖：它的形状像一个球，表面没有壳，只有一层坚硬的皮。这样的"父母"生出这样奇形怪状的蛋，里面肯定是某种怪物。巴吉里斯克的确是怪物：它有剧毒，还能通过触摸、呼气，甚至是视线来杀人。它可以将周围的一切都变成死气沉沉的沙漠。

生长在哪儿？

当年，宙斯之子珀耳修斯在炎热的利比亚沙漠砍下了蛇发女妖美杜莎的头颅，美杜莎鲜血飞溅，头上的毒蛇四下逃窜，后来，有些可怕的毒蛇变成了巴吉里斯克。这个关于巴吉里斯克的起源故事来自古罗马诗人卢坎。

长什么样？

根据古希腊人和古罗马人的描述：巴吉里斯克是一条 15 厘米到 30 厘米长，顶着白色头冠的蛇，因此人们也称其为"异邦的国王"（"巴吉里斯克"这个词在希腊语中的意思）。它爬行的时候不会像普通的蛇那样扭动身体，而是会垂直地抬起上半身。到了中世纪，巴吉里斯克的尾部仍然和普通的蛇一样，但在人们的描述中，它有着公鸡的头和爪子。与此同时，关于公鸡下蛋的著名传说也出现了。一些古代学者认为巴吉里斯克是由朱鹭所生，而不是公鸡。他们认为朱鹭吃下了蛇蛋，然后从鸟喙中产下了能孵化出巴吉里斯克的蛋。

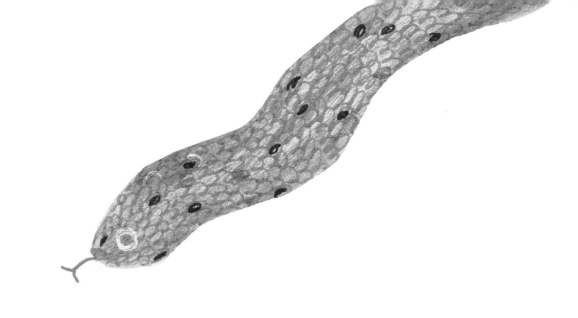

以何为食？

据说巴吉里斯克以石头为食。

 猜猜看，巴吉里斯克吃了哪些东西？

最新科学发现

到了 16 世纪，已经没多少人相信巴吉里斯克的传说了。没有人知道这个传说的具体来源，也没有人清楚是什么动物被误认成了这样的怪物。也许，古罗马人记录的是一种真实存在的生物——生活在北非的角蝰。在中世纪的维也纳，当地居民认为城里的一口井中住着巴吉里斯克。因为井边有一块奇形怪状的石头，外观很像是一只公鸡，还散发出一股浓烈的恶臭（可能是硫化氢的味道）。直到 20 世纪初，一位探险家下到井底，才终结了这个耸人听闻的谣言。

5. 雪人

山中居民

曾经，前来攀登珠穆朗玛峰的人经常会被居住在喜马拉雅山脉山脚下的夏尔巴人严厉警告：千万不要做任何会激怒当地神灵的事，更不要被凶猛的雪人发现。1953 年，人类便登顶了珠穆朗玛峰，随后游客、登山者接踵而至。即便警告言犹在耳，人们对雪人的兴趣依旧没有减退，时不时就会有人向全世界展示他们发现的雪人足迹、毛发，或者照片。

尽管各民族的神话传说中都曾存在类似雪人的生物：比如，中国的神农架野人、北美的大脚野人、高加索的阿尔玛斯蒂。1951 年，登山者埃里克·希普顿向全世界展示了他在珠穆朗玛峰发现的巨大脚印，引发了人们对雪人的广泛讨论。这次发现产生的巨大轰动引起了人们的关注，越来越多的人声称他们在世界各地的偏远地区发现了雪人。关于雪人存在的证据也很丰富：人们成功地从山上收集到了雪人的皮毛、骨头、爪子，还有粪便。

长什么样？

有人认为雪人是巨型类人猿，也有人觉得它是隐秘地生活在世界上的尼安德特人，还有人认为它们是半熊半人的物种。根据不同的描述：雪人的个头有高有矮，在 1 米到 3 米之间，长臂、短腿、下颌巨大，长着一张黑色的脸，身上覆盖着厚厚的毛发，毛色有黑、有红，也有白。

生长在哪儿？

雪人栖息在一些海拔略高的山上，最常见的说法是它们栖息在喜马拉雅山脉、阿尔泰山脉，还有北美的落基山脉上。

找一找，山上的雪人都藏在哪儿呢？

最新科学发现

　　猎人们细心收集的雪人骨头和毛发的样本，引起了社会的极大关注。这些样本对科学研究有着重要的意义，因为这些样本里都能检测到DNA。在分析了其中9组样本的DNA之后，科学家发现其实这些样本都来自熊类：天山棕熊、西藏棕熊和喜马拉雅黑熊，第9份样本甚至是狗的。是有人故意拿熊毛来冒充雪人毛吗？不过，也不用太在意这点。毕竟，人们是如此痴迷于神话传说，他们会坚定地寻找那些神秘动物存在的证据，验证传说的真实性。雪人就是一个很好的例子。

6. 菲尼克斯

浴火而生

　　虽然荒蛮的大自然变幻莫测、暗藏危险，古人还是在其中找到了一条永恒的定律：无论发生什么，昼夜交替、季节更迭、月亮的阴晴圆缺都不会改变。因此，古人开始有了时间的概念。他们不希望生命消逝，认为死后的世界里一定还有复活的机会在等待着自己。

　　最早研究复活术的是古埃及人：他们认为大自然会随着尼罗河每一次新的涨潮而复活，就像是绿脸的"丰饶之神"奥西里斯曾死而复生一样。奥西里斯会严格审判每位逝者，通过审判的人才有资格进入永恒的乐土。不仅是埃及人，几千年来，人们都将那只从奥西里斯心脏中逃脱出来的神鸟视为重生与永生的象征。

长什么样？

　　这只鸟叫"贝努"，是一只白色（也有人说是蓝色或紫色的）的苍鹭，有着长长的喙，头顶上长着一簇毛。埃及人的贝努鸟神话传到了希腊，希腊人称其为"菲尼克斯"（希腊语意为"紫红色"）。现在流传下来的菲尼克斯的形象看上去像是一只长着火红羽毛的鹰。起初，人们认为菲尼克斯虽然长寿，但它还是会面临死亡：每隔 500 年，菲尼克斯都会飞往埃及，将其父母的遗体埋葬进太阳神的神庙之中。直到古罗马诗人奥维德写道：菲尼克斯自焚后的灰烬中会诞生一只新鸟，菲尼克斯"复活"了。菲尼克斯的故事走向随即转变：在预见到自己即将死亡时，菲尼克斯便会引火自焚（有时是用太阳的烈焰，有时则是用喙敲出火花），在自己的巢穴中焚化，在灰烬中重生。很显然，有了这种神奇的能力后，菲尼克斯再也不需要繁衍后代了——它已经拥有了不朽的生命。

以何为食？

　　据说菲尼克斯什么东西都不吃，喝水也只喝露水。

生长在哪儿？

菲尼克斯的故事起源于埃塞俄比亚，也有可能是阿拉伯。世界各地的传说里都有着外形或特殊能力与菲尼克斯类似的鸟类，如中国的凤凰、伊朗的西摩格、俄罗斯的火鸟。

最新科学发现

无论是在自然界，还是在化石中，科学家都还没能找到菲尼克斯的原型。但是，在地球的某个角落，可能真的有某种能够重生的生物。数千年来，这个猜想一直激励着人们不断探索，菲尼克斯的名气也变得越来越大。曾经，菲尼克斯是罗马帝国的象征，代表着帝国的永恒与不可战胜的霸气。只可惜，罗马帝国并没能永世昌盛。中世纪的基督徒认为菲尼克斯象征着灵魂的不朽，以及耶稣基督的重生。因此，与其说菲尼克斯是一种生物，倒不如说它是人们心中一个美好的梦。有关它的故事远远超出了科学所能解释的范畴。

将图中的鸟儿分分类，再找找重生后的菲尼克斯在哪里吧。

7. 卓柏卡布拉

诞生于 20 世纪的吸血鬼

　　说到拉丁美洲的历史，怎么能少得了关于吸血动物的古老传说呢，比如，厄瓜多尔与墨西哥的"坎马卓兹"、阿根廷与智利的"飞头"。阿兹特克人信仰的战争之神也需要献祭鲜血，西班牙殖民者用十分恐怖的笔触描述了这种可怕又残忍的放血祭祀。有关吸血鬼的血腥历史，科学家们找到的可不只是那些神秘的故事。在南美洲，还真的存在一种以吸血为生的蝙蝠—圆头叶蝠。它们会攻击动物，甚至会攻击熟睡中的人。虽然圆头叶蝠的胃口不大，吸血量不多，但被它咬伤的后果却很严重：圆头叶蝠身上会携带狂犬病毒与鼠疫杆菌。

　　20 世纪，波多黎各出现了一种新的吸血动物。它们经常攻击家畜，所以当地人将它们称为"卓柏卡布拉"（在西班牙语中意为"吸山羊血的怪物"）。第二天早上发现的动物尸体看上去似乎一滴血都不剩，脖子上还留着圆孔，与狼这种普通猎食者所留下的痕迹完全不同。

长什么样？

没有人近距离接触过卓柏卡布拉，但很多人都能详细描绘出它的样貌。它长得很像爬行动物，靠后腿行走，前腿长着一层能帮助它飞翔与滑翔的皮膜。卓柏卡布拉的身高不超过一米半，背上带刺，黑色的长条形眼睛很像科幻电影中外星人的眼睛。随着时间的推移，关于卓柏卡布拉样貌的描述也发生了变化——它变成了靠四条腿行走的动物，长得更像郊狼，只是身上无毛而已。2005 年在美国得克萨斯州，"卓柏卡布拉"连续好几夜攻击了农场里的鸡，并吸干了它们的血，最后还是一位农夫用陷阱才逮住了它。

生长在哪儿？

卓柏卡布拉不只出现在波多黎各，整个美洲，甚至西班牙与不列颠群岛都有不少它的受害者。

最新科学发现

2005 年，一位得克萨斯州的农夫抓获了一只"卓柏卡布拉"，随后的 DNA 分析显示，这只动物只是一只年老、饥饿的郊狼。

据说，卓柏卡布拉袭击事件的数量仍在不断增加，尤其是在炎热、干燥的季节。目前，还没有足够的科学证据可以证实这种吸血怪物是否存在。不过，幸好它们现在并不攻击人类。

 找一找，下图中有哪 7 处不同。

（单位：cm）

8. 龙

多种多样，无处不在

　　无论古人从何处而来，要到何处去，龙一定会相伴四方。龙是人们最熟知的神话动物。在神话传说中，有些龙有翅膀，有些没有。通常，龙长着 2~4 只爪，它们生活在海洋、天空或是地下。在古代，许多人们崇拜的神灵都可以变成龙的形态，如阿兹特克文明中的羽蛇神，古埃及的太阳神阿图姆，古希腊的塞拉皮斯等。在许多文化中也有不少龙的元素：中国古代帝王身着龙袍；不丹宫殿的墙壁、斯堪的纳维亚战士们的头盔用神龙的形象做装饰；罗马帝国骑兵队的龙旗随风飘扬；欧洲骑士的盾牌和刀剑上刻着龙的形象，它见证了战士们的无数场战役。

长什么样？

　　世界上最古老的龙的形象来自中国，距今已有 6000 多年的历史。起初，龙的外形像水蛇。随着时间的推移，龙的形象也不断演变。龙"学会了"飞翔，春分而登天，秋分而潜渊。龙的外形也早已不是简单的蛇形，它的脚掌像虎掌，爪子像鹰爪、身上的鳞片像鱼鳞，耳朵像牛耳一样，头像骆驼的头，头上的角就像鹿角，它还有着长长的胡须。在许多神话中，龙虽面相凶恶，但其实内心善良、仁慈，一点儿也不可怕。龙的体形有长有短：从 1 米到 300 米不等。西方龙虽然一开始外形也像蛇，比如，在希腊神话中，美狄亚为了帮助伊阿宋夺取金羊毛而施法迷晕的那条龙。不过，与东方龙不同的是：西方龙大多本性恶劣。德国的神话传说和文学作品中有会喷炽热火焰的林德虫，带有剧毒的斯堪的纳维亚双足飞龙，以及《尼伯龙根之歌》中守卫金山的巨龙法夫纳，这些龙都是以威胁人类生存的形象存在的。到了中世纪，西方龙长出了翅膀，而东方龙没有，东方龙用仙术飞行。此时，西方的龙通常长着 2 条或 4 条腿，身上披着粗糙的鳞片，有着一张骇人的大嘴。有些龙长着好几颗头。比如，伊朗的扎哈克就长着 3 颗头；俄罗斯的戈里尼奇有时会有 3 颗、6 颗、9 颗，甚至有 12 颗头；日本的八岐大蛇不仅有 8 颗头，还有 8 条尾巴。

试着画一条你眼中的龙吧！

以何为食？

在不同的文化中，龙的食物也不尽相同。从本质上来说，东方龙更像神灵，几乎不用吃东西。欧洲文化中的龙大多是食肉动物，比如，瓦维尔龙会吞食少女，人类就是它的美味佳肴。非洲的小龙加克洛斯则会猎杀从它藏身之处经过的任何动物。

最新科学发现

许多专家认为，龙的形象并不是起源于某个具体的地区，再向外传播的，世界各地的文化中都有自己对龙的独特想象。对龙的信仰反映出的是人类最原始、最深层的恐惧——蛇。那么，这些神话传说中的龙是否有一个具体的原型呢？既然古生物学家已经发现了巨型蜥蜴、恐龙的化石，会不会在不久的将来发现一具龙的骨架呢？

9. 大鹏

阿拉伯神话中的猎象者

假设一位旅行者不幸被困于荒漠，正巧，一只如山般庞大的鸟出现在天空中，双翼遮天蔽日，而逃离这里的唯一方法就是抓住这只鸟的爪子，冒着随时坠落的危险，飞上云霄。你要是那位旅行者的话，会如何抉择呢？

10 世纪，波斯湾周边的港口城市达到了前所未有的繁荣：全世界的贸易往来都要经过阿拉伯帝国哈里发国的管辖之地，才能通往欧洲、东南亚、印度以及中国。

来自远方的船只停靠在阿拉伯海岸，这些商人与航海家带来的不只是货物，还有不少旅途中的精彩故事。这些故事亦真亦假，讲述了不同国家的自然环境、生活习俗等旅行见闻。这些故事被波斯商人布祖格·伊本·沙赫里亚尔记录了下来，写成了《印度奇闻录》。

这本书里首次记载了这只神奇的大鸟的故事，说它主要捕食大象。那时，它甚至还没有被命名。后来，著名的阿拉伯旅行家伊本·白图泰也声称他曾亲眼看见过这只大鸟——大鹏——它的体形如同一座大山，会从海面飞腾入空。

在中世纪阿拉伯童话《一千零一夜》中，航海家辛巴达的冒险故事让大鹏的形象深入人心。在第二次航行中，辛巴达被丢在了一座遥远的小岛上，他设法攀上了大鹏，飞到了钻石谷。在第五次航行中，大鹏的蛋被人破坏，它报复性地击沉了满载着水手的船只。

生长在哪儿?

11 世纪，伟大的波斯学者比鲁尼不太相信大鹏的存在，他认为只有在中国边境地区才有人看到过它。而 13 世纪的意大利旅行家马可·波罗认为它居住在马达加斯加与桑给巴尔群岛以南的岛屿上，商人们一般都不敢冒险前往，因为那里的海流复杂，船只不一定能够安全返航。

以何为食?

据记载，大鹏会猎食的动物包括大象、巨蟒、中东独角兽以及其他大型动物。

长什么样?

马可·波罗按欧洲的习惯将这种动物命名为"狮鹫"。不过，狮鹫是鹰头狮身，与他在东方记录的描述并不相符：实际上，马可·波罗弄错了大鹏的名字。"只要是见过狮鹫（大鹏）的人，都说它长得和老鹰几乎一模一样，只是更加巨大。见过它的人，都是这样向我描述的：它庞大、强壮，可以直接抓着大象飞上高空，再将其扔到地上，把大象摔死后，狮鹫（大鹏）便会过来撕咬大象，把它吃得干干净净。"

最新科学发现

时至今日，学者们认为，传说中的大鹏的原型是巨大的象鸟（象鸟重达 500 千克，高达 3 米）。17 世纪以前，它一直栖居在马达加斯加。和鸵鸟一样，象鸟并不会飞，所以当时见到它的水手误以为象鸟是某种大鸟的雏鸟。

　　20世纪，众多震惊世人的史前骸骨化石被发现。这些远古蜥蜴和其他史前动物为自然科学界带来了革命性的突破。科学家不得不以一种全新的方式来看待流传至今的古代传说。如果巨大的恐龙确实曾在地球上生活过，那么在世界各地或许都还有科学家尚未发现的神秘动物；如果鳄鱼能被人们称为"活化石"，那么在地球的某个角落或许真有曾被误认是"怪物"的远古生物幸存。

10. 尼斯湖水怪

来自苏格兰的蛇颈龙

"怪物"的目击者很快便出现了。1933年，在一个寂静的夜晚，英国一对夫妇开着车行驶在苏格兰北部的尼斯湖畔。突然间，一只巨大、漆黑的生物挡住了他们的去路，随后又重新潜入水中，消失了。当地报纸刊登报道后，这件事立刻引起了轰动，随后传遍了全世界。至此，在20世纪，尼斯湖水怪的古老传说开始流传，在此之前，从未有人真正相信过这个传说。

在这之后，当地居民和游客目击到尼斯湖水怪的次数越来越多，每年都在不断攀升。1934年，又有一位目击者碰到了"尼斯"——这是大家给这只怪物起的昵称。这位目击者是一位来自伦敦的外科医生，他声称自己只是来尼斯湖钓鱼的，从不相信这里存在尼斯湖水怪，但是，他却拍到了一张尼斯湖水怪的照片。之后有关尼斯湖水怪的照片越来越多：1960年有人在空中拍到了它，到了2009年，甚至有人拿出了从太空拍到的它的照片。

关于尼斯湖水怪的传说可以追溯到7世纪。爱尔兰修道士圣库仑在尼斯湖畔看见了一个长相十分奇怪的动物，"就像一只巨大的青蛙"，它从水里冒出来，冲向一个正在湖对岸游泳的人。最终，在圣库仑的祈祷下，它离开了。

长什么样？

根据大多数目击者的描述，尼斯湖水怪有着纤长的、略微弯曲的脖子，脑袋很小，身体庞大，有人说它还有一条健壮的尾巴。这只怪物还有一个驼峰，不过也有人说不止一个。当那张著名的"外科医生的照片"被公开后，大家对它的样貌便有了一个定论，显然，这只动物很像蛇颈龙。

生长在哪儿？

即使有些人并不怀疑这个传说的真实性，有一个问题仍然困扰着他们：据说尼斯湖水怪身高 15 米，那么，这么大的一只水怪到底能藏在哪儿呢？人们推测湖底有一个隧道网络，尼斯湖水怪会通过这个隧道游进大海，然后再游回来。也有人说湖底有一条巨大的裂缝。

👁 走出迷宫！

最新科学发现

1994年，著名的"外科医生的照片"被曝光造假。其中一位参与造假的人承认，他们改造了一艘玩具潜艇，在上面装了一个假的长脖子和小脑袋来伪装尼斯湖水怪。人们从太空拍到的怪物照片也只是一艘汽船，尾部还有螺旋桨翻滚起的泡沫。2016年轰动世界的那张尼斯湖水怪的照片，最后也被证实拍到的其实是正在玩耍的海豹。同年，人们启用一个名为"Munin"的海洋机器人对尼斯湖进行了彻底的勘察，没有发现任何怪物可以躲藏的隧道或裂缝。

大多数科学家都认定尼斯湖水怪并不存在，那很多人都声称目睹过的那只怪物究竟是什么呢？是附近马戏团送到湖边来洗澡的大象？还是露出水面的泥泞树干被错当成了怪物？或许，人们只是想要相信这样一个神秘、未知的存在。毕竟，尼斯湖水怪是一个吸引游客前来的大噱头。

在下面空白处画出你想象中的尼斯湖水怪吧。

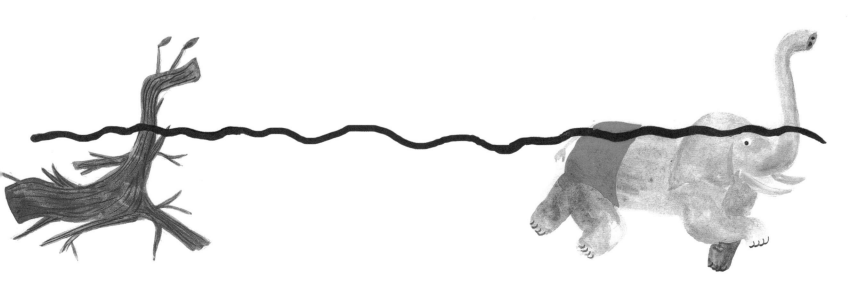

11. 狮鹫

长着翅膀的守卫

古往今来，世界各地的人们都梦想找到一个蕴藏着大量黄金与宝石的地方。16世纪，西班牙征服者到南美洲寻找"黄金国"的黄金宝藏；19世纪末，淘金者们在阿拉斯加育空河的沙子中筛找黄金；斯基泰人在新时代开创之初就开始了他们寻找黄金的旅程，他们从黑海沿岸的荒漠一路往东，向沙漠戈壁进发。据说，斯基泰人找到了令人生畏的"宝藏守卫"狮鹫的骸骨。

找一找，两只狮鹫有哪8处不同？

长什么样？

古希腊人将这种鹰头狮身有翼兽称为"狮鹫"。在不同时期、不同地区，狮鹫的形象也有所不同。例如，在巴比伦、亚述、克里特岛、波斯、小亚细亚以及黑海北部，狮鹫是长着鹰爪的狮身有翼兽，不过，也有些长的是狮爪。甚至还有些狮鹫的外形与流行的描述完全相反，是狮头鹰身。如今，大众认知中的狮鹫形象来自古希腊人的描述，他们从北方邻居斯基泰人那里了解到了这种生物，并记载了下来，尽管他们自己从未见过狮鹫。

以何为食？

在人类已知的那些宝藏守卫者（龙、地精、矮精灵）中，狮鹫是最凶猛、危险的。然而，它们只对那些打搅它们，企图盗取黄金的人充满敌意。狮鹫十分强壮——比狮子和大象还要健壮，不过，还没有人记录过狮鹫的捕猎方式。

生长在哪儿？

狮鹫的踪迹遍布各地，从俄罗斯顿河河畔的草原到乌拉尔山脉，一直到更远的阿尔泰山脉、印度与尼泊尔的边界。古代作家们记录的传说各不相同，更不用说那些试图从古希腊人的文字中解读信息的学者了。据说有一个被称为"阿里玛斯波伊人"的独眼人部落曾试图从狮鹫那里偷取黄金。但没有人确切地知道古希腊传说中由狮鹫担当黄金守卫的许珀耳玻瑞亚帝国到底位于哪里，只有一点我们可以确定：古代作家们一致认为狮鹫栖息于已知的文明世界的边缘，有人认为它生活在斯基泰人的严寒土地之上，有人则认为它远在印度。

最新科学发现

斯基泰人中有许多活跃的旅行者与商人，他们经常前往东方，造访蒙古国与中国。他们很有可能在戈壁滩上见到了一些奇怪的动物骨架——和他们认知中的动物相去甚远。这种骨架在沙漠中随处可见，但它们并不是狮鹫，也不是其他神话动物，而是史前生物的遗骸。美国科学家艾德丽安·梅耶认为那些骸骨应该是原角龙的："原角龙的鼻子很像鸟喙，颈部的骨质壳皱又很像翅膀。所以，哪有什么狮鹫！"

12. 狐妖

能够化为人形的狐狸

很多人会说，比野兽更可怕的是人类。那要是眼前的这个人并不是真正的人类呢？在欧洲的神话传说中，狼人总会化作人形出现在人们面前。而在中国、日本等亚洲国家的传说中，主人公则完全不同：会幻化成人形的神秘动物被称作"妖精"。能够化为人形的狐狸常常被认为是最危险的妖精！通常，它们被称为"狐妖"，有时，人们也习惯称其为"狐狸精"。

人们相信，狐狸只要一出现，就会带来厄运。看见狐狸时，你无法确定它对你是否友善。有时候，即使只是看见狐狸尾巴一闪而过也将招致厄运，比如，歉收、疾病、火灾等。人们更害怕狐妖的突然到访。当狐妖想让人放下戒备的时候，它们最常用的方法就是趁人不注意，幻化成一位美丽的姑娘。

长什么样？

狐妖的外形是一种常见的红狐。修炼百年之后，狐妖才能够化为人形。随着年龄的增长，狐妖会长出更多的尾巴：据说每过 100 年或 1000 年，狐妖就会长出一条尾巴。大多数情况下，人们见到的是有 3 条、5 条或是 9 条尾巴的狐妖。长出新尾巴后，狐妖的皮毛颜色也会发生变化：从红色变为银色、白色，或是金色。在有些神话故事里，这些尾巴甚至能为狐妖转生续命。缺乏经验的狐妖有时会忘记藏好尾巴，从而暴露身份。

以何为食？

通常，狐妖会住在一个人的家中，以他的精气为食，日复一日，使他变得无比虚弱，直至死去。

 找出藏在图中的
15 只狐妖。

生长在哪儿？

狐妖生活在峡谷、荒原，以及古老的墓园中。在墓园里，它们经常在地上打洞，潜入坟墓，与人骨住在一起。据说，当狐妖想要幻化成人形时，就会在自己的头上放一块人类头骨。

最新科学发现

狐妖的传说很可能是从古代中国传入日本的。但人们为什么会将一只充其量也就是捕食家禽的红色小动物，想象成一个能幻化成人形的妖怪呢？直至今天，这个问题仍然没有答案。不过在日本，狐狸被视作主管丰产的稻荷神的信使，人们会修筑神社供奉它们。

13. 长毛鱼

鱼群中的白熊

1924 年秋天，在南非的海岸上，有人看见了一只体形巨大的动物，看起来像是一条长着长毛的大鱼，或是一只长着大象鼻子的北极熊，这只动物和两只虎鲸搏斗了近 3 个小时。之后，它跃出水面，试图用尾巴和鼻子攻击对方。不过，它很快就被冲到了马盖特海滩上。

长什么样？

令人惊讶的是，这只动物的尸体在岸边躺了好几天，一直没有引起研究者的注意。最后，它的尸体被海浪冲走了。现在，我们所了解的信息只剩下路人对它的口头描述，以及一张最新发现的照片。这具长达15米的尸体上覆盖着一层白色的长毛。它的尾巴和龙虾的很相近，但没有脑袋，长着一个像大象那样的长鼻子。它的英文名字"Trunko"中有"象鼻"的含义。

生长在哪儿？

印度洋是地球上唯一一个人们声称见过长毛鱼的地方。

最新科学发现

猎食鲸鱼的怪物！——新闻标题里这样写道。人们认为，这只怪物只是因为运动过猛而精疲力竭，它在陆地上躺了几天休养生息，恢复体力后就又重新回到了海里。难道这是一种新的鲸鱼？或是一只得了白化病的象海豹？又或是生活在深海的一种史前动物？到底是什么动物在猎食虎鲸，或者说是在被虎鲸猎杀？时至今日，大多数科学家认为，长毛鱼其实就是"格罗布斯特"，特指被冲到岸上的巨型鲸鱼的残骸。当鲸鱼死亡时，它的身体会腐烂，身体组织与骨头分离，骨头沉到身体的底部，脂肪与皮肤浮在上端，结缔组织逐渐分解，变成又长又白的纤维物，看起来与羊毛很相像。经常会有这种"怪物"被海浪冲刷到岸边，让当地居民陷入恐慌。

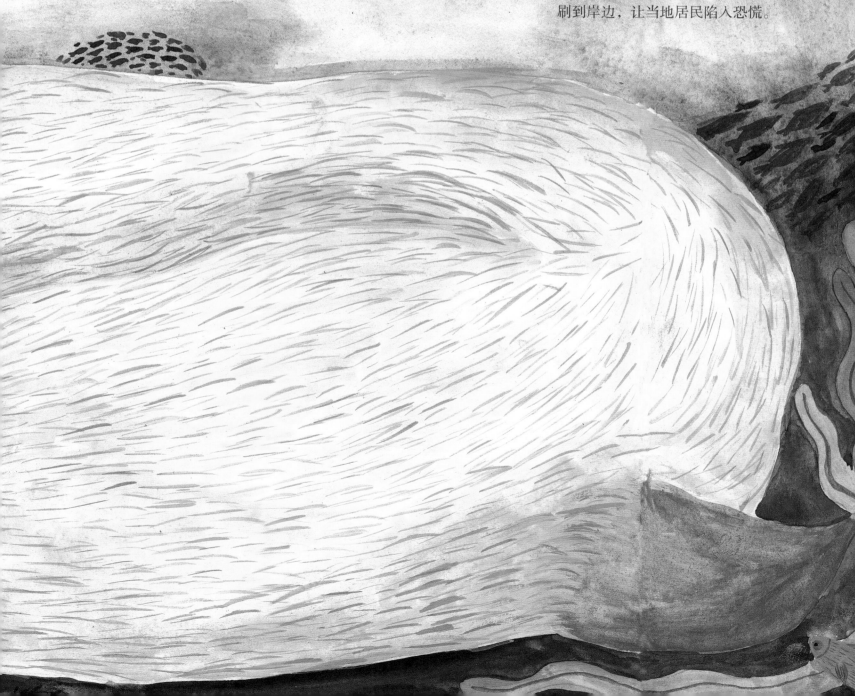

14. 双头蛇

无尾之蛇

　　1920 年，英国作家休·洛夫廷出版的故事书里有一位名叫"杜立德"的医生。杜立德医生很善良，他能听懂动物的语言，还会为它们疗伤。他有几个好朋友——鹦鹉、鸭子、狗、猪、猴子、猫头鹰，还有一只白色的老鼠，以及一只极为罕见的动物（其实是作者自创的）。这只动物长得和羚羊一样，但有两个头，一个在身前，一个在身后。这只动物并不是历史上记载的第一个双头生物。古希腊人与古罗马人相信，世界上生活着一种长着两个脑袋的蛇——双头蛇。

长什么样？

　　双头蛇的一个脑袋长在前面，另一个长在尾巴上。当一个脑袋睡觉时，另一个脑袋总是醒着，所以，你没办法轻易地抓住它。它可以像列车一样笔直地前进，也可以把另一个脑袋含在嘴里，像车轮那样向前滚动，无须转弯，它便可以改变爬行方向。这就是为什么古希腊人将这种生物称为"Amphisbaena"，意思是"能够双向前行的"。它的眼睛闪闪发光，体温很高，能够融化冰雪。在中世纪的传说中，双头蛇的身上长满了羽毛，有翅膀、双腿，甚至还有喙。

以何为食？

　　双头蛇有剧毒。古罗马学者老普林尼认为它之所以长着两个脑袋，是因为"它需要两个脑袋才能完全吐出自己的毒液"，但它会对谁使用这种毒液，我们就不得而知了。根据古罗马诗人卢坎的记载：双头蛇不会亲自捕食，而是会直接吞食那些葬身于利比亚沙漠中的罗马士兵的尸体。

数数看双头蛇吞下了多少个士兵。

生长在哪儿？

　　双头蛇的故乡是利比亚沙漠。根据诗人卢坎和奥维德的描述，和其他蛇类或蛇怪一样，双头蛇也是从希腊神话中的女妖美杜莎的血液中诞生的。

最新科学发现

　　早在17世纪，英国医生兼作家托马斯·布朗爵士就质疑过这种难以分辨头尾，不分左右，更没有上下之分的生物是否真实存在。现在科学家们也认定：如果一种动物长着两个完全相同的脑袋，那么它在控制身体时很容易产生冲突，会很难存活；而且没有排泄系统的话，就算拥有像扁形虫那样的开放式排泄系统，以它的体形也是很难生存下来的。尽管有这么多的质疑，人们确实在自然界中发现了超过100种"能够双向前行"的动物！当然，这类动物并不像古希腊人与古罗马人所描述的那样，这类爬行动物的尾部与其说像蛇的尾巴，倒不如说与蜥蜴的更为接近。而且，它们也不是有两个头，而是有两条尾巴，那其实是一种特殊的皮下肌肉组织，使得它们可以反向移动。

15. 支架怪

神秘森林中的传说

1910 年，美国人威廉·托马斯·考克斯出版了一本不同寻常、引人入胜的书，名为《森林、山脉与沙漠之中的可怕怪物》。在这本书里，他详细地描述了人们在北美大陆上见过的 20 种神秘动物，还介绍了它们的外貌、栖息地，以及习性。

想知道关于神秘动物的知识？这本书里应有尽有！例如，罗佩利特，长着绳子般的长喙、弹跳力很强；湿眭客，因外表丑陋而羞于见人，还会哭个不停；刺猫，破坏森林只为猎食浣熊、寻找蜂蜜；某一种驼鹿，上嘴唇很长，以至于它很难吃到脚边的食物；斯诺利高斯特，一种有羊毛状毛发的鳄鱼，背上还长有锋利的刺；温托塞尔，可以保持头部固定，360 度不断地旋转身体。再举一例，支架怪，是一种长着可伸缩的长腿的怪物。

生长在哪儿？

考克斯的书中记录的这些神秘动物分布于美国与加拿大的山岭与密林中。湿眭客栖息在美国东海岸的宾夕法尼亚州；刺猫生活在五大湖至墨西哥湾地区；支架怪则分布在美国的最西边，加利福尼亚州的山麓丘陵地带。

长什么样？

支架怪最明显的特征，就是它那可以伸缩的长腿。必要时，它会将腿伸到最长，在高处仔细观察身处的区域，以便不被低矮的灌木丛绊倒。支架怪没有前腿，但它像袋鼠一样，有一根强壮的尾巴，能够给予它有力的支撑。它还有一张特别大的嘴巴——有它的半个头那么大，以及同样巨大的下颚。

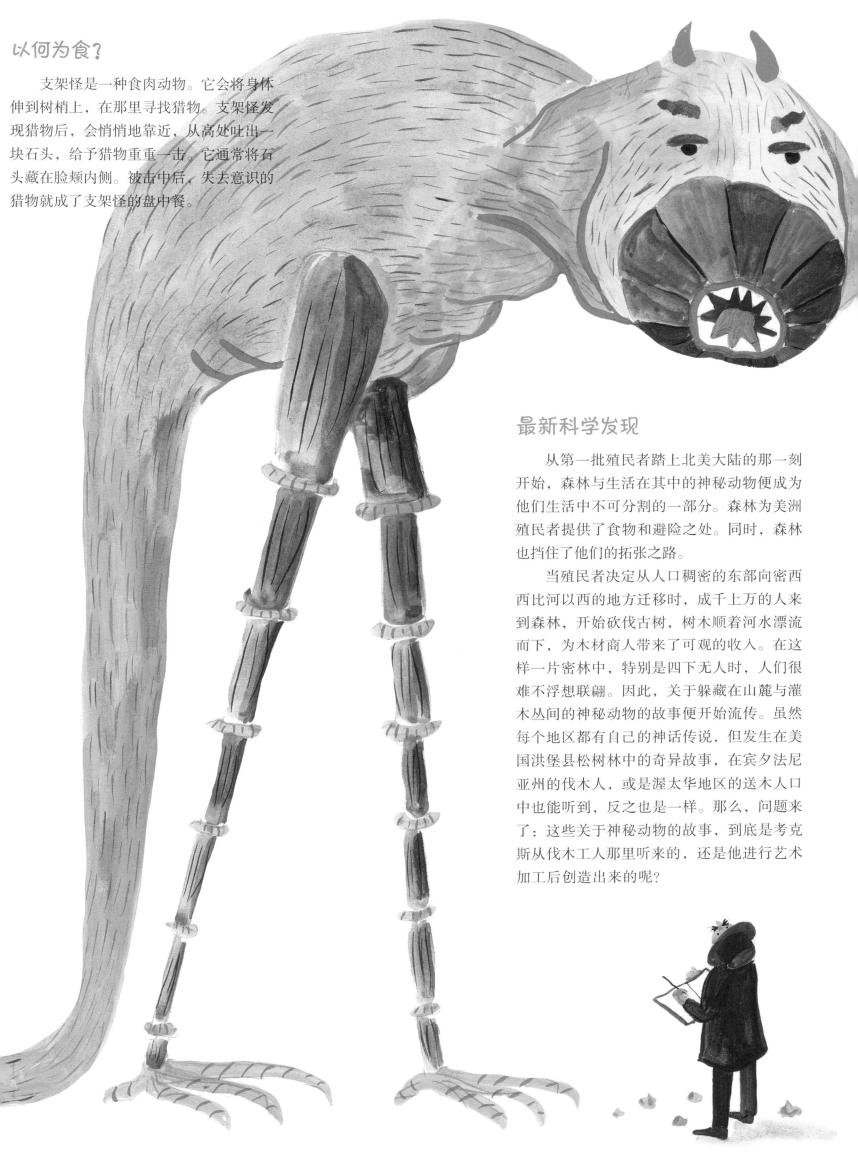

以何为食？

支架怪是一种食肉动物。它会将身体伸到树梢上，在那里寻找猎物。支架怪发现猎物后，会悄悄地靠近，从高处吐出一块石头，给予猎物重重一击。它通常将石头藏在脸颊内侧。被击中后，失去意识的猎物就成了支架怪的盘中餐。

最新科学发现

从第一批殖民者踏上北美大陆的那一刻开始，森林与生活在其中的神秘动物便成为他们生活中不可分割的一部分。森林为美洲殖民者提供了食物和避险之处。同时，森林也挡住了他们的拓张之路。

当殖民者决定从人口稠密的东部向密西西比河以西的地方迁移时，成千上万的人来到森林，开始砍伐古树，树木顺着河水漂流而下，为木材商人带来了可观的收入。在这样一片密林中，特别是四下无人时，人们很难不浮想联翩。因此，关于躲藏在山麓与灌木丛间的神秘动物的故事便开始流传。虽然每个地区都有自己的神话传说，但发生在美国洪堡县松树林中的奇异故事，在宾夕法尼亚州的伐木人，或是渥太华地区的送木人口中也能听到，反之也是一样。那么，问题来了：这些关于神秘动物的故事，到底是考克斯从伐木工人那里听来的，还是他进行艺术加工后创造出来的呢？

长什么样？

蝎尾狮有着一副红色的狮子身躯，长着火焰般的鬃毛，一张人脸，还有蝎子的尾巴。它的嘴里长了6排牙齿：3排在上颚，3排在下颚，尾巴上还带着毒刺。在中世纪的文学作品中，它那原本长在下颚的巨大牙齿长在了喉咙处，喉咙还能够发出甜美诱人的声音。

以何为食？

蝎尾狮是一种凶猛的食肉动物，能够击败任何野兽，而且，蝎尾狮还是个食人魔！它经常攻击人类，以至于中世纪艺术家们的作品中经常会出现它用牙齿撕咬人类四肢的画面。它会用声音吸引猎物，有时像是笛子的声音，有时像是蛇发出的咝咝声。

生长在哪儿？

古希腊与古罗马人认为，蝎尾狮要么生长在高加索山脉山麓地带——寒冷的斯基泰荒原，要么生活在印度，甚至可能生活在非洲的埃塞俄比亚。

最新科学发现

其实，古人相信世界上存在蝎尾狮这类怪物也是可以理解的。当时的古希腊人与古罗马人发现，在他们之外，原来还有这么多不同的民族，在他们看来，这些族人的相貌一个比一个奇特，经过各种加工想象后，关于各种怪物的传说也开始流传。不过，古罗马地理学家帕萨尼亚斯对蝎尾狮的存在保持怀疑。他认为，长相可怕的蝎尾狮的原型其实是一只普通的老虎，人们却对蝎尾狮的存在深信不疑。现如今再回头看，古希腊人与古罗马人相信这种神秘动物的存在，反映出的并不是他们以自己世界为中心的民族优越感，而是他们对神创万物与无限可能的笃信。

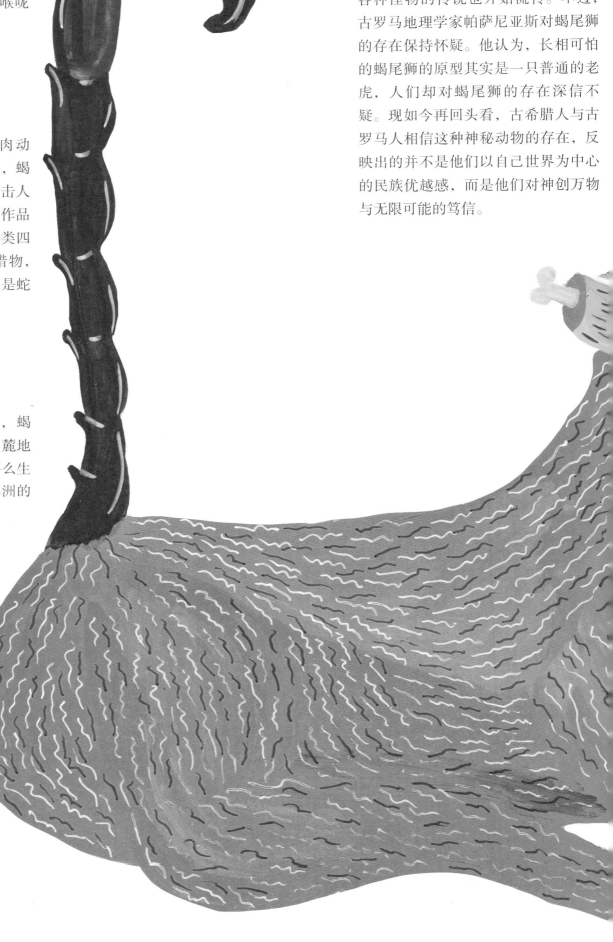

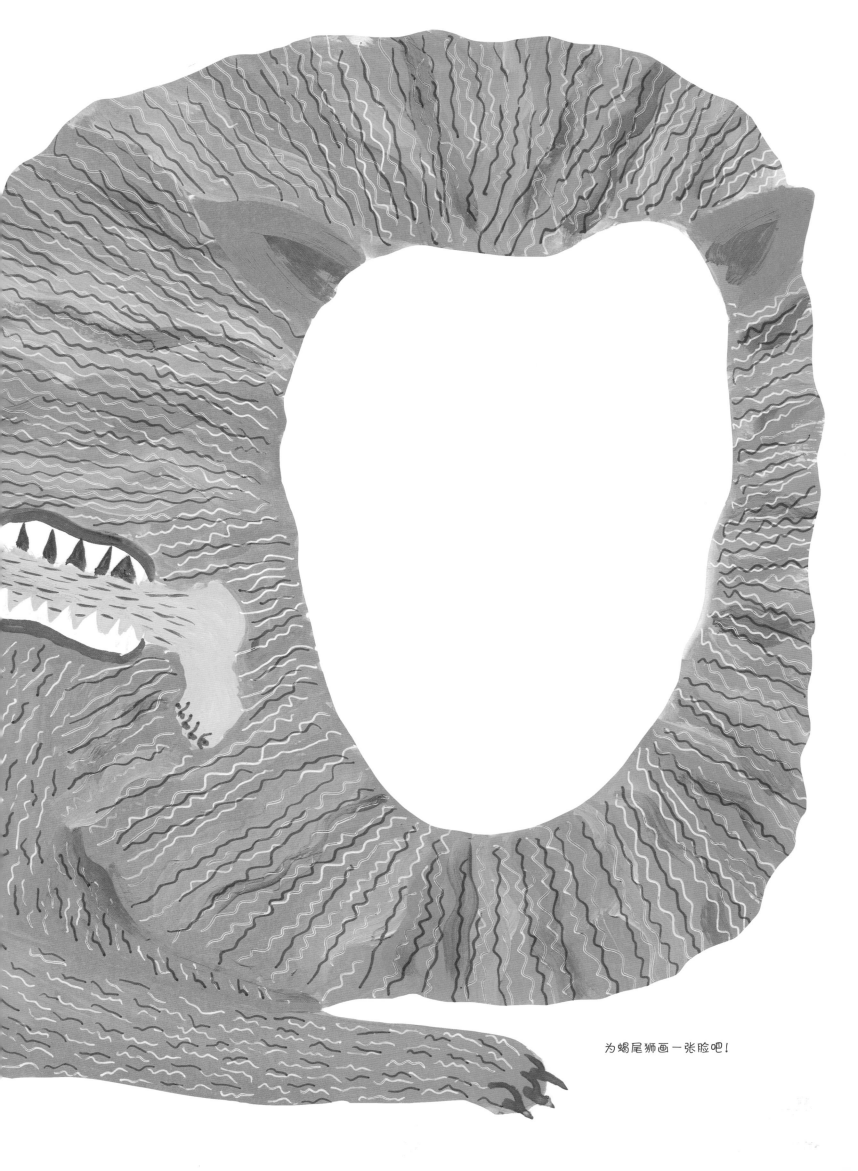

为蝎尾狮画一张脸吧！

21. 鸭嘴兽

长得像鼹鼠的两栖动物

18世纪末，一件来自澳大利亚、人们前所未见的动物标本被送到了位于伦敦的大英博物馆。这个动物的皮肤上长着短毛，有着一条类似河狸的尾巴，嘴巴形似鸭喙。当时，博物馆的工作人员已经见过许多来自东方的奇异珍宝：那里的工匠制作出了很多奇形怪状的动物标本，还有在猴子的骨架上加上鱼尾巴冒充美人鱼的展品。所以很多人并不相信这件动物标本所体现出的动物是真实存在的。当澳大利亚的殖民者们接二连三地观测到这种"长得像鼹鼠的两栖动物"（简称"鸭嘴兽"）时，事情就变得复杂了，他们开始将鸭嘴兽视作当地特有的动物。

最新科学发现

当鸭嘴兽的标本被送至欧洲后，英国动物学家乔治·肖决定开始研究这种神秘动物的标本，他并没有在标本上发现接缝、胶水，或是其他造假的痕迹。难道这种不可思议的物种真的存在？时至今日，科学家们早已对此深信不疑，就连孩子们都知道了这种生物的名字——鸭嘴兽。随着更加深入的研究，人们发现了更多难以置信的细节：鸭嘴兽像爬行类动物一样产卵，但它又像哺乳动物一样，用乳汁哺育幼崽，这些乳汁会从它腹部的毛孔里流出，在皮毛上漫开。如今，鸭嘴兽主要生活在澳大利亚东部的淡水中，化石证据表明鸭嘴兽曾有更广泛的分布。当连接着澳大利亚与东南亚的陆地被海洋覆盖，形成了如今我们熟悉的印尼群岛后，澳大利亚的独特物种便与各地切断了联系。鸭嘴兽的故事也说明了一个道理：世界上，我们不了解的奥秘还有很多，那些在我们看来不可思议的生物，其实和我们一样都是大自然孕育的奇迹。

长什么样？

鸭嘴兽的体形不大，长约50厘米。这只小动物长着厚重、扁平的喙，脚上有蹼，尾巴像船桨一样平。人们很难分辨出它到底是一只长着鸟喙的哺乳动物，还是鸟类，或是一只有着野兽身形的蜥蜴！

以何为食？

鸭嘴兽会在淡水水域捕食蝌蚪、软体动物，以及虾蟹等甲壳类动物。鸭嘴兽会先潜入水中抓住猎物，然后将其含在嘴里，待浮出水面后，再用嘴部的颌骨将猎物磨碎，将其吃掉。

创造你的神秘动物

现在轮到你来创造自己的神秘动物啦！发挥想象，为它画上任何你喜欢的元素！开动脑筋，拿起画笔，立刻开始吧！

长什么样？

....

....

....

....

....

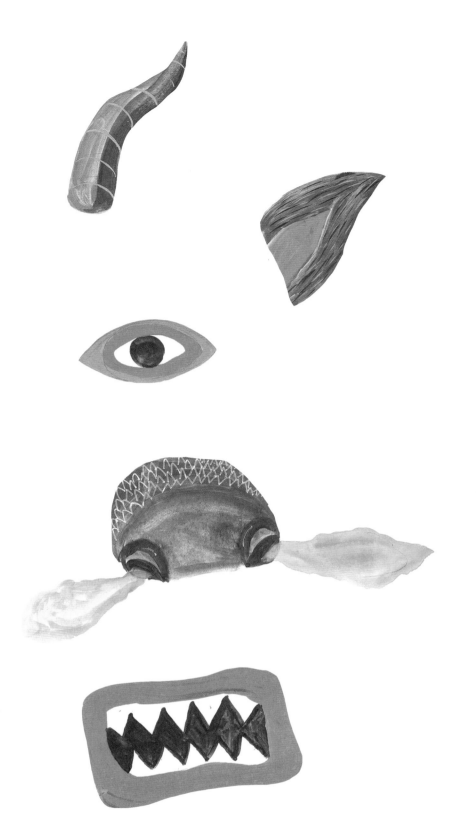

生长在哪儿？

....

....

....

....

....

....

以何为食？

....

....

....

....

....

图书在版编目（CIP）数据

小博物学家的神秘动物图鉴 /（俄罗斯）叶卡捷琳娜·斯捷潘年科著；（俄罗斯）波利亚·普拉温斯卡娅绘；马天空译. — 武汉：长江文艺出版社，2021.8
ISBN 978-7-5702-2223-0

Ⅰ.①小… Ⅱ.①叶… ②波… ③马… Ⅲ.①动物 — 儿童读物 Ⅳ.①Q95-49

中国版本图书馆CIP数据核字(2021)第 105551 号

Фантастические животные

湖北省版权局著作权合同登记号 图字：17-2021-126 号
审图号：GS（2021）1229号

小博物学家的神秘动物图鉴
XIAO BOWU XUEJIA DE SHENMI DONGWU TUJIAN

————————————————————————

选题策划：联合天际	特约编辑：周晓曼　严　雪	
责任编辑：黄　刚	责任校对：毛　娟	
美术编辑：梁全新	责任印制：邱　莉　胡丽平	
装帧设计：史木春		

————————————————————————

出版：长江出版传媒　长江文艺出版社
地址：武汉市雄楚大街268号　　邮编：430070
发行：长江文艺出版社
　　　未读（天津）文化传媒有限公司（010）52435752
http://www.cjlap.com
印刷：河北彩和坊印刷有限公司

————————————————————————

开本：700毫米×1000毫米　1/8　印张：8　插页：4页
版次：2021年8月第1版　　2021年8月第1次印刷
字数：40千字

————————————————————————

定价：78.00元

未小读
UnRead Kids
和世界一起长大

未读CLUB
会员服务平台

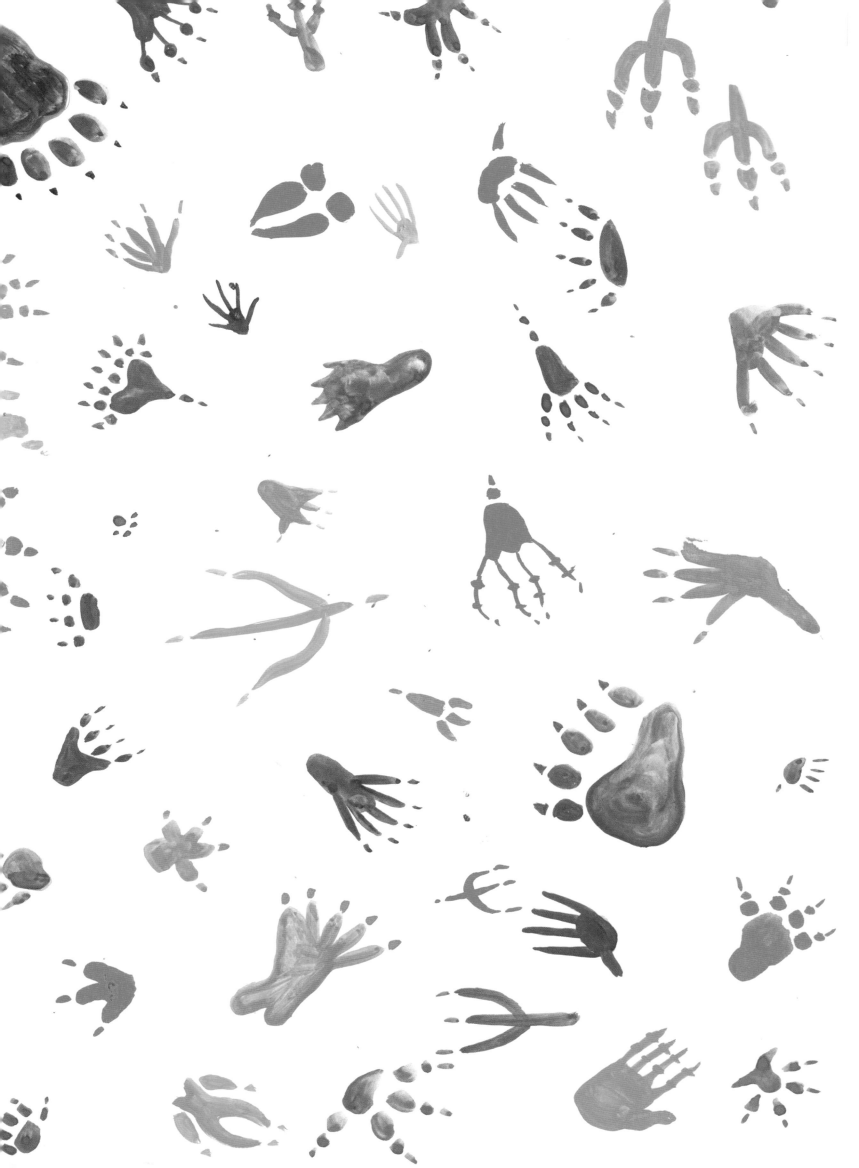